我的奇趣动物朋友

大山楂丸船长 著

吉林科学技术出版社

图书在版编目（CIP）数据

我的奇趣动物朋友 / 大山楂丸船长著. -- 长春 : 吉林科学技术出版社, 2024. 9. -- ISBN 978-7-5744-1835-6

Ⅰ. Q-49

中国国家版本馆CIP数据核字第2024UK1357号

我的奇趣动物朋友 WO DE QIQU DONGWU PENGYOU

著　　者　大山楂丸船长
出 版 人　宛　霞
策划编辑　王聪会　张　超
责任编辑　穆思蒙
内文制作　大山楂丸船长
幅面尺寸　210 mm×285 mm
开　　本　16
字　　数　128千字
印　　张　8
印　　数　1～6 000册
版　　次　2024 年11月第1版
印　　次　2024 年11月第1次印刷
出　　版　吉林科学技术出版社
发　　行　吉林科学技术出版社
地　　址　长春市福祉大路5788 号出版大厦A 座
邮　　编　130118

发行部电话/ 传真　0431-81629529　81629530　81629531
81629532　81629533　81629534
储运部电话　0431-86059116
编辑部电话　0431-81629517
印　　刷　长春百花彩印有限公司
书　　号　ISBN 978-7-5744-1835-6
定　　价　59.90元

如有印装质量问题 可寄出版社调换

推荐序

发掘“生命智慧”中的自然奇迹

在忙碌的生活中，我们往往忽略了那些隐藏在平凡之中的宝藏，那些被称为“生命智慧”的领域。但是，当我们翻开《我的奇趣动物朋友》这本书时，那沉睡已久的好奇心和探索欲被唤醒。这本书不仅为我们打开了一扇通往神秘动物世界的大门，更是一次对“生命智慧”深刻价值的展示。

长期以来，我们对动物世界的认识似乎仅限于表象。我们知道狮子威猛、猴子顽皮，但有多少人深入思考过这些动物背后的故事和它们存在的深层意义？《我的奇趣动物朋友》就是这样一本书，它引导我们深入动物的内心世界，探索那些“生命智慧”背后的深远意义。

书中不仅详尽地描述了各种动物的习性和特征，更是展示了这些动物的生活智慧。你可能会问：挖掘这些“生命智慧”究竟有何意义？但正如书中所揭示的，每一种动物都非凡俗，它们的行为和生存策略，无不彰显着生命的坚韧与智慧。

这本书告诉我们，不要小瞧那些巧妙变色的变色龙，它们的变化让我们看到了动物对环境的适应能力和生存策略；不要忽视那些在夜晚鸣叫的青蛙，它们的合唱是自然界中最原始的交响乐。这些“生命智慧”的探索，让我们在纷扰的世界中找到了心灵的慰藉，让我们对生命有了更深的理解和尊重。

《我的奇趣动物朋友》不仅是一本关于动物的书，更是一本关于生命、关于自然、关于我们自己的书。它让我们意识到，在这个世界上，每一个生命都有其独特的价值和意义。它鼓励我们去观察、去感悟、去珍惜我们身边的动物朋友，从自己的角度去发现和感悟生命之美。

阅读《我的奇趣动物朋友》，从今天开始，让我们从全新的视角重新描绘这个世界的画卷，挖掘那些被我们匆匆脚步遗忘的“生命智慧”中的瑰宝。让我们跟随这本书的指引，像探险家一样穿梭于动物世界的奇迹之中。这不仅是一次知识的盛宴，更是一次心灵的盛宴，让我们在欢笑与惊叹中，与自然界的生灵共舞，共同编织属于我们的生命赞歌。

启程吧，一场关于爱与发现的旅程，正等待着我们去探索！

国家动物博物馆馆长、研究员

张劲硕

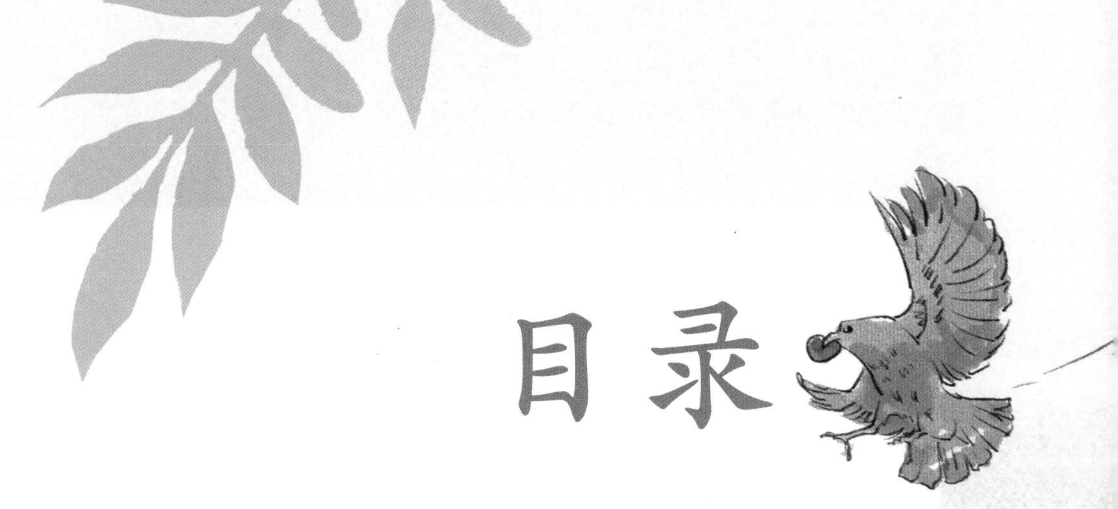

目录

“不要以为我们只是好看”

“你问我是做什么的，搞科研的”

“原来你也很会盖房子”

“长得太高我能怎么办”

“一起来捉迷藏啊”

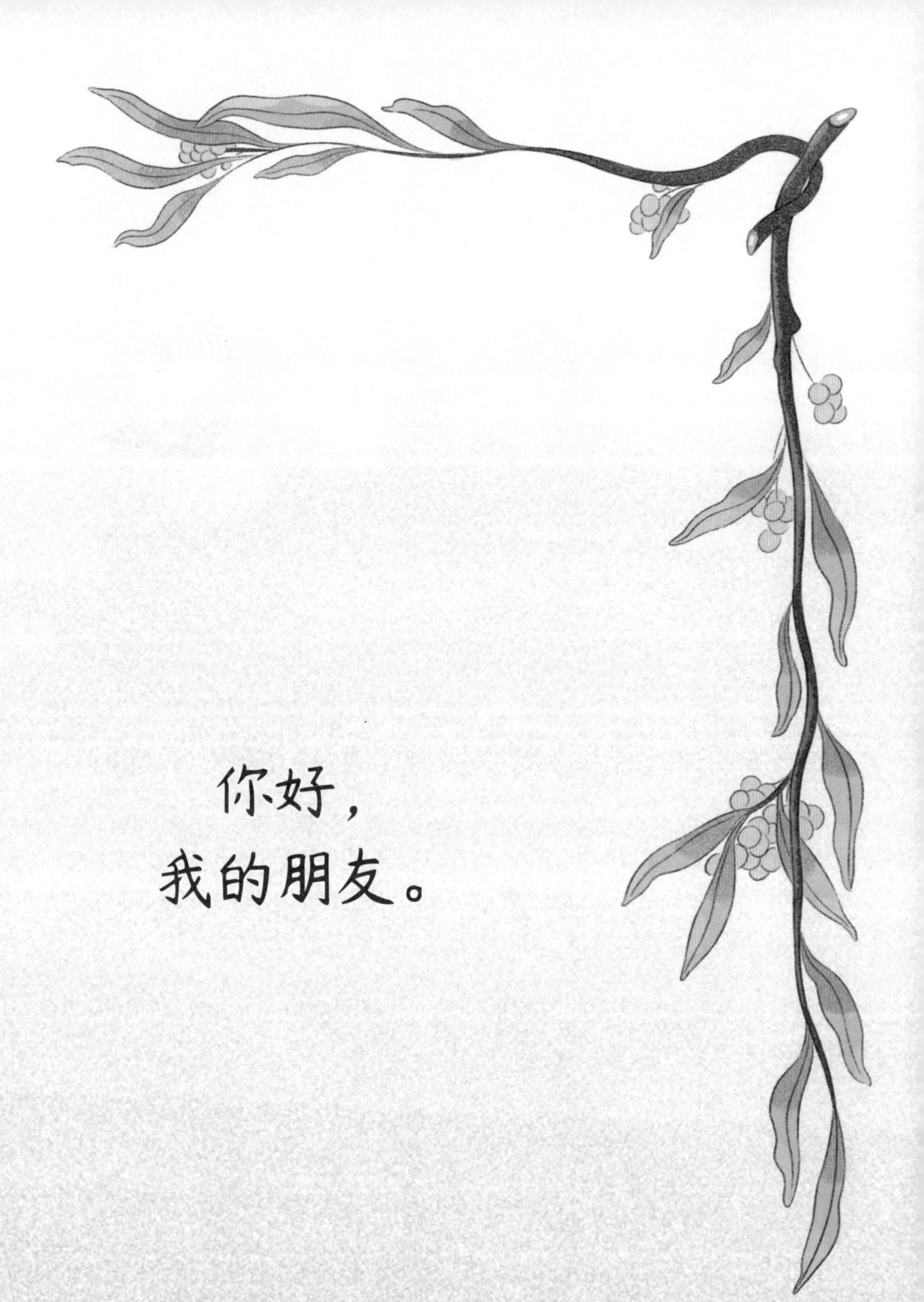

你好，

我的朋友。

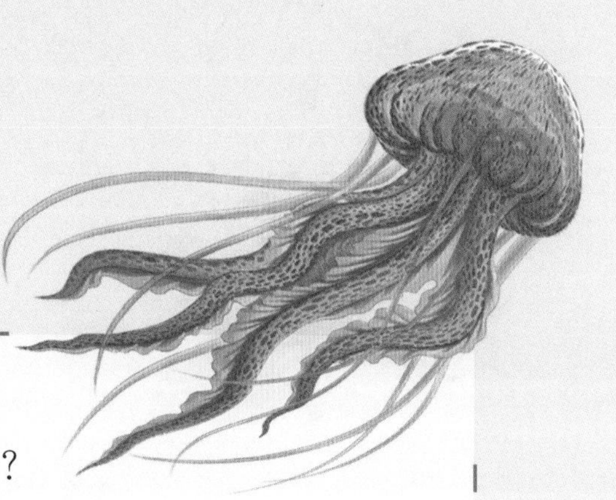

这个如梦似幻的海底精灵，你认识吗？
你能说一说关于它的故事吗？

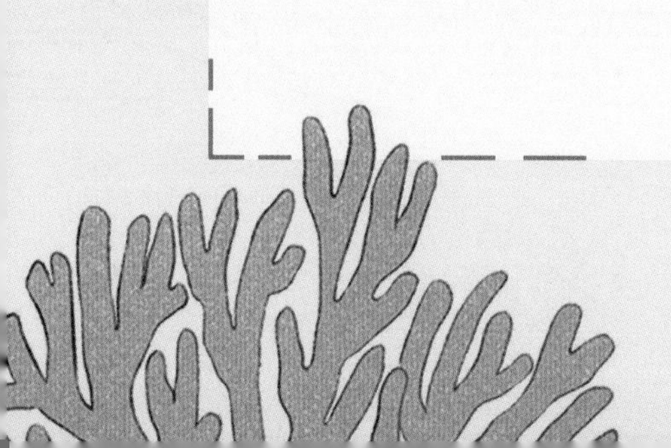

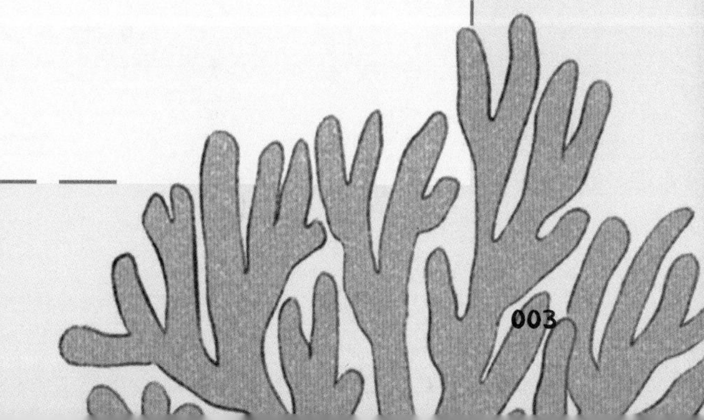

水母

水母的外形像一把透明的伞，伞下有着长长的触手，有些水母的触手伸直了比 6 层楼还高！

美丽又凶猛的“海洋精灵”

最毒的水母

澳大利亚箱形水母

澳大利亚箱形水母是海洋中最致命的水母，一只箱形水母的触须上有足以杀死 60 个人的毒素，可在 30 秒内致人死亡。

最长寿的水母

灯塔水母

灯塔水母在性成熟后会重新回到幼年时的水螅型状态，并且可以无限重复这一过程，相当于能够“返老还童”。

最大的水母

狮鬃水母

狮鬃水母是目前水母的最大体积纪录保持者，它的身体庞大，体重也惊人，其最大重量超过 1 吨，也是迄今为止最重的水母。

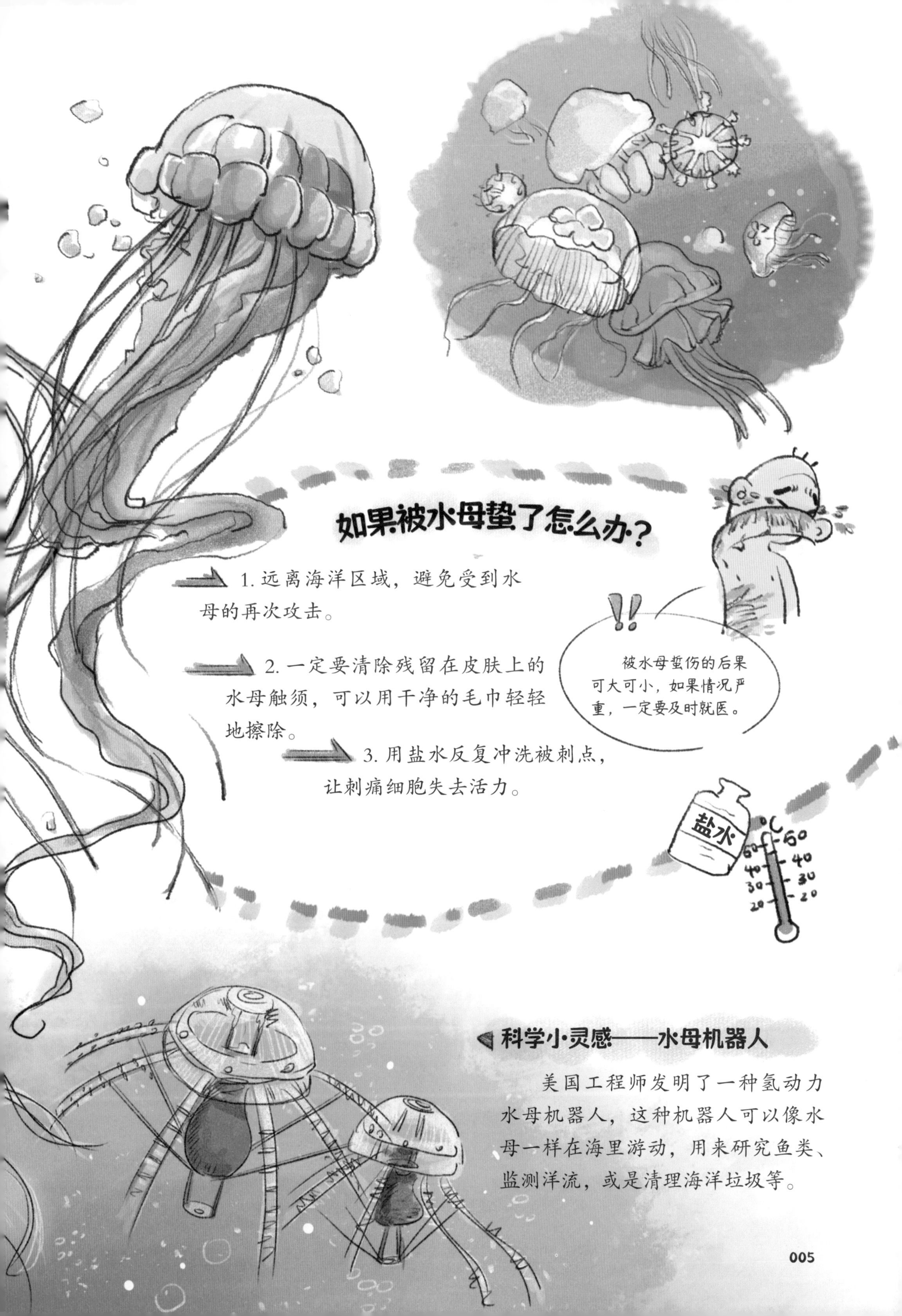

如果被水母蛰了怎么办？

1. 远离海洋区域，避免受到水母的再次攻击。

2. 一定要清除残留在皮肤上的水母触须，可以用干净的毛巾轻轻地擦除。

3. 用盐水反复冲洗被刺点，让刺痛细胞失去活力。

!!

被水母蜇伤的后果可大可小，如果情况严重，一定要及时就医。

科学小灵感——水母机器人

美国工程师发明了一种氢动力水母机器人，这种机器人可以像水母一样在海里游动，用来研究鱼类、监测洋流，或是清理海洋垃圾等。

006

这个触手很多的生物是什么呢？
请你来介绍介绍吧！

海洋界的伪装大师

章鱼

章鱼是生活在海洋中的软体动物，有很多种类，并且大小相差极大，世界各地的海洋中都有它们的身影。虽然名字里有鱼，但章鱼并不属于鱼类。

形态特征

章鱼一般有八只脚，脚上有吸盘。它的脚不仅能用来爬行和游泳，还可以用来抓取东西，力气不容小觑。

身体构造

章鱼有三个心脏，两个记忆系统，还有发达的眼睛和用两足行走的本领。

生活习性

章鱼是吃肉的，最常见的食物是甲壳类生物，比如虾和蟹。浮游生物有时候也会成为它们的食物。

器皿里“长章鱼”了?!

章鱼对各种器皿丝毫没有抵抗力，它不只爱钻瓶罐，凡是容器，都爱钻进去栖身。

海底的岩石洞穴或缝隙，是它们天然的“家”。

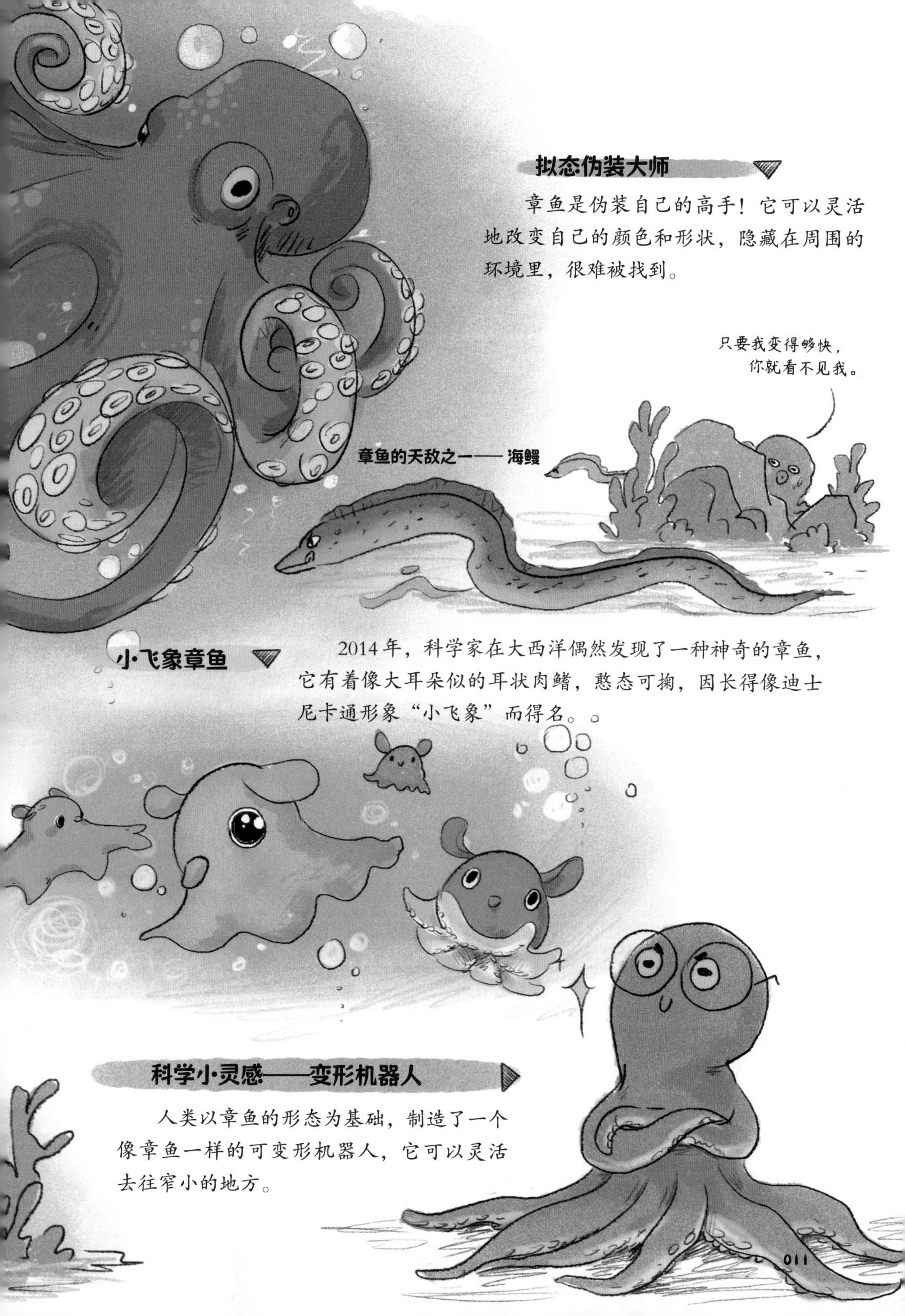

拟态伪装大师

章鱼是伪装自己的高手！它可以灵活地改变自己的颜色和形状，隐藏在周围的环境里，很难被找到。

小飞象章鱼

2014年，科学家在大西洋偶然发现了一种神奇的章鱼，它有着像大耳朵似的耳状肉鳍，憨态可掬，因长得像迪士尼卡通形象“小飞象”而得名。

科学小灵感——变形机器人

人类以章鱼的形态为基础，制造了一个像章鱼一样的可变形机器人，它可以灵活去往窄小的地方。

对生活在南极的“燕尾服绅士”，你一定不陌生吧！
来，在这里为它做个“登场介绍”吧！

海洋之舟

企鹅

企鹅是一种古老的游禽，它们喜欢寒冷的气候，大多居住在南极洲附近。

燕尾绅士

企鹅腹部为白色，背部为黑色，直立行走时一摇一摆的样子，像极了身穿燕尾服的绅士。

企鹅的这身“燕尾服”不仅仅是好看而已。它的羽毛如鳞片一般重重叠叠，中间还留有一层空气，既防水又保温。这也使它成了世界上最耐寒的禽类。

自备望远镜

企鹅的视力很好，不仅能够在水底及水面看清东西，还具有极佳的眺望实力，可以发现隐藏在远处的猎物或天敌。

最萌身高差

企鹅家族中个体最大的是帝企鹅，平均身高 1.1 米，体重超过 35 千克。个体最小的是蓝企鹅，平均身高只有 40 厘米，体重 1 千克左右，它们不仅个子小，胆子也很小。

超级游泳选手

企鹅的游泳能力非常强，它们短小的翅膀就像一双“桨”，可以帮助它们在水中快速游动。游速最快的巴布亚企鹅在水中游泳的速度可达 36 千米 / 时。

潜水冠军

企鹅的潜水能力也很棒。其中，帝企鹅可以潜入水中 20 分钟之久。

企鹅幼儿园

企鹅幼鸟刚出生时会藏在亲鸟身下，长大一些后，会停留在亲鸟体侧。再大一些，则会聚集起来由成鸟照顾。

科学小灵感——极地越野车

企鹅可以肚皮贴地，利用足和前肢在雪地上高速滑行，速度最快能达到 30 千米 / 时。受到启发的科学家以此为模型，设计了能够扒雪前进的极地越野车。

咦？这个模样奇怪的生物，你认识吗？
来说说你对它的第一印象吧！

神奇宝贝

鸭嘴兽

鸭嘴兽仅分布在澳大利亚东部地区和塔斯马尼亚州。因为数量稀少，所以被列为国际保护动物。

栖息环境

鸭嘴兽喜欢将家安在沼泽或河流的岸边，将洞穴和毗连的水域相通，以方便捕食。

让科学家头痛的分类

鸭嘴兽会像爬行类和鸟类般产卵，又会像哺乳动物一样用乳汁哺育后代，这完全不符合哺乳动物与非哺乳动物的划分。科学家经过多年的探讨，最终将鸭嘴兽确定归类为卵生哺乳动物，是一种未完全进化的最原始的哺乳动物类型。

??
皮毛像海豹
脚蹼像青蛙
尾巴像海狸
嘴巴像鸭子

奇奇怪怪又可可爱爱

鸭嘴兽的皮毛像海豹、脚蹼像青蛙、尾巴像海狸、嘴巴像鸭子，它古怪的外形曾经让第一次看到鸭嘴兽标本的科学家以为这是某些人类制作的“拼接动物”。

私家雷达

鸭嘴兽的嘴壳上布满了神经细胞，像是个雷达接收器，能识别其他动物的生物电磁信号，感应它们的位置，也可以用来辨明方向。在哺乳动物家族中，同样具有电磁感应能力的生物是人类的朋友——海豚。

身藏“毒”技

鸭嘴兽藏有一项威力十足的自卫利器——毒刺。雄性鸭嘴兽的后腿脚跟处有一对中空的刺针，由长约 15 毫米的空心骨质构成。当刺中目标时，毒刺可以分泌有毒物质毒伤敌人。

吉祥物

作为澳大利亚的独有生物，鸭嘴兽成了澳大利亚的象征，在不少重要活动中担任吉祥物的角色，比如 2000 年悉尼奥运会的吉祥物之一——熙德（Syd）。

暗夜精灵

鸭嘴兽习惯昼伏夜出，常在黄昏、清晨出没，它们是食肉性动物，喜欢搜寻水边的甲壳类生物及蚯蚓等为食。

辈分最高的哺乳类

约 2500 万年前，鸭嘴兽就已经出现在了地球上，到现在外形也都没发生什么改变，是当之无愧的生物活化石。

它身为鱼类居然长了一双可以飞翔的翅膀，它到底是鱼还是鸟呢？

在这里，说一说你对这个“神奇生物”的猜想吧！

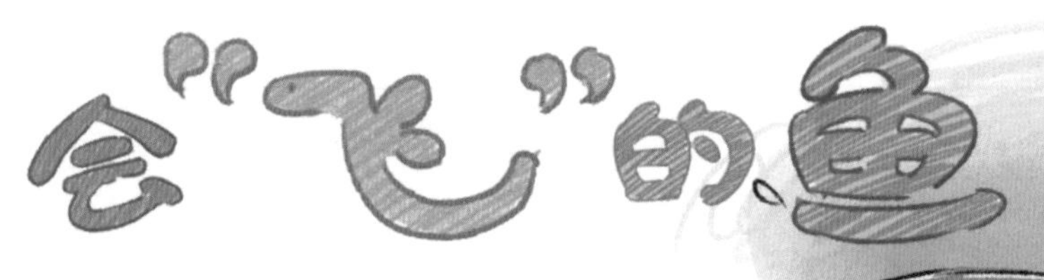

会"飞"的鱼

飞鱼

飞鱼长相奇特，有着像鸟翅膀一样的胸鳍。它们能够跃出水面十几米，常常成群结队地在水面“飞翔”。

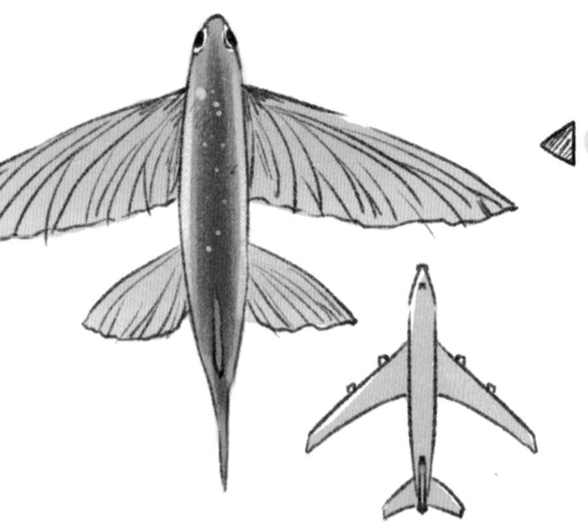

体形特征

飞鱼的“个头儿”比较小，身体是稍长的流线型。独特的翼状硬鳍和不对称的叉状尾部，让它看起来像一架小小的飞机。

分布地区

飞鱼喜欢温暖的水域，广泛分布于热带和亚热带海洋。根据记录，中国及临近海域出现过 6 属 38 种飞鱼的身影。

乘风破浪的飞鱼

飞鱼生活在海洋上层，以浮游动物为食。飞鱼常常成群结队地在海上“飞行”，乘风破浪的画面非常壮观。

其实是被“吓飞”的

飞鱼并不轻易跃出水面，只有受到攻击或是惊吓时才会“飞起来”。飞行时也并不安全，有时候它们会被海鸟捕获，或是落到沙滩上。

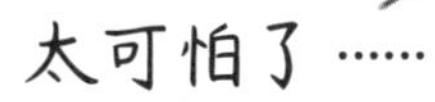

实际上，飞鱼的“飞行”只是一种滑翔，因为它的“翅膀”并不会扇动。它主要靠的是有力的尾巴，用尾巴来拨动海水，跃出水面。

飞鱼的致命弱点

日间的飞鱼视力敏锐，但在夜间视力却不尽如人意。如果夜晚的渔船上有光亮，成群的飞鱼就会寻光而来，跳上甲板。

飞鱼岛国

位于加勒比海东端的珊瑚岛国巴巴多斯以盛产飞鱼而闻名，在这里生活着近100种飞鱼，飞鱼也成了这个岛国的象征。

科学小·灵感——飞鱼导弹

模仿飞鱼的超低空飞行，法国科学家研制了一种空舰导弹，可以掠海面飞行，避开雷达的监测，被称为“飞鱼导弹”。

这只会飞的“大老鼠”，你见过吗？
为我们介绍一下它吧！

万毒之王

蝙蝠

蝙蝠是翼手目动物，是一类具有飞行能力的哺乳动物。大部分蝙蝠都是日间休息、夜间觅食。

外形特征

蝙蝠的外形如同长了翅膀的老鼠，在它们修长的爪子之间，有一层翼膜相连。除了翼膜外，蝙蝠全身都覆盖着毛。

种类和食性

蝙蝠分为两大类，一类是以昆虫为食的食虫蝠，一类是以植物为食的食果蝠。西方神话中的吸血蝙蝠也是真的，确实有三个种类的蝙蝠能吸血。

冬眠习惯

蝙蝠一般都有冬眠的习性，至翌年春天醒眠之后，雌兽开始产仔，每年只繁殖一次。

蝙蝠的声波

蝙蝠可以用口腔或鼻部发出声波，用来辨别方位、交流和捕食，作用很大。

居住环境

蝙蝠喜欢居住在各种山洞、古老建筑物的缝隙、天花板、岩石缝等阴暗的地方，有些南方的食果蝠还会隐藏在棕榈、芭蕉树的叶子后面。

生态平衡

其实，蝙蝠在维护自然界的生态平衡中起着重要的作用。食虫蝠能消灭大量的害虫，粪便也是很好的肥料。

传播花粉

不只有蜜蜂可以传播花粉，蝙蝠也可以！许多植物的花朵会专门在夜间开放，吸引蝙蝠帮忙传粉。

科学小灵感——雷达和药物

人类根据蝙蝠的回声定位系统发明了雷达。在医学上，从吸血蝙蝠的唾液中提取的蛋白质可以有效地溶解血栓。

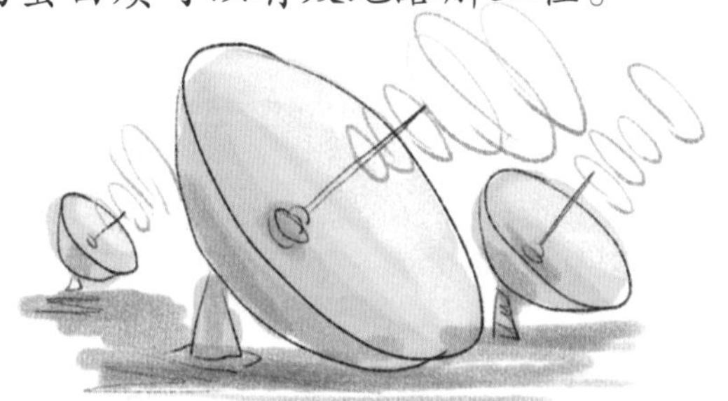

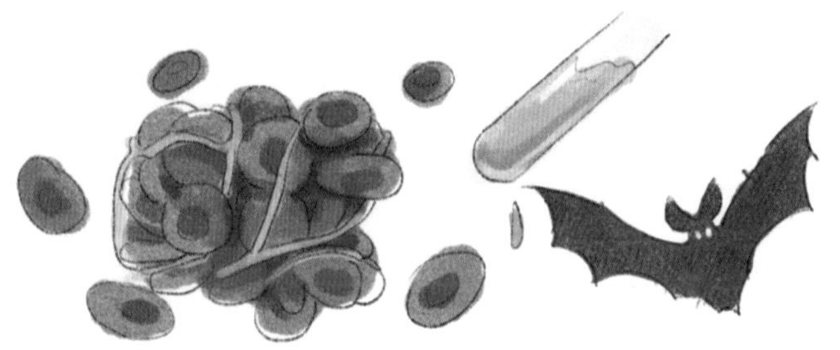

揭秘“大型病毒库”蝙蝠

为什么说蝙蝠是“天然病毒库”？

科学家从全世界两百种蝙蝠身上发现了 4100 种不同的病毒，其中各种冠状病毒就超过 500 种。

SARS 病毒
埃博拉病毒
马尔堡病毒
尼帕病毒
亨德拉病毒
MERS 冠状病毒

体内病毒多为什么还能生存？

蝙蝠有着较高的体温和强大的基因修复能力，不仅能够带“毒”生存，且患癌概率很低，寿命很长。

蝙蝠的病毒会直接传染给人吗？

蝙蝠一般不会主动传染病毒给人类，但是会通过粪便等途径感染果子狸、竹鼠等其他野生动物。如果人类接触或食用已经被蝙蝠感染了病毒的野生动物，就有可能感染病毒。所以，让我们一起对野味说不！

你认识这条长得方方正正的鱼吗?
写下你对它的了解吧!

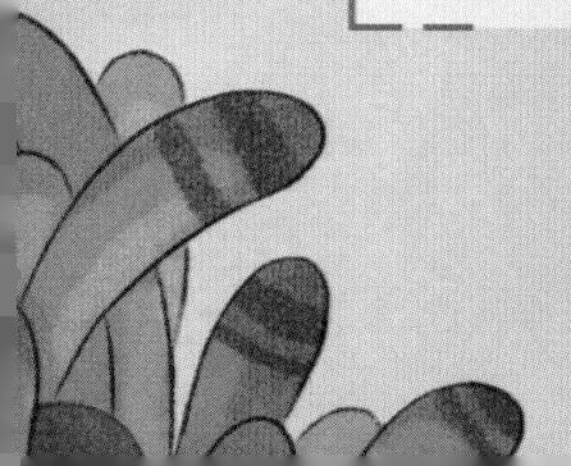

珊瑚丛里的“时尚达人”

箱鲀

箱鲀，也叫盒子鱼。这是一种长相奇特的鱼，它拥有别致的方方正正的身体，还有嘟嘟的嘴唇，看起来很有个性。

分布地区

箱鲀属于热带鱼，分布在太平洋、印度洋和大西洋海域，喜欢藏在浅海礁石和珊瑚丛中。

最小 4 厘米　　最大 45 厘米

自然界身形圆润的物种不少，但天生一副“我好方”样子的生物可不多见，箱鲀算是一种。

形态特征

除了外形奇特，箱鲀的游泳姿态也很有趣。它的身体覆盖着硬鳞，只有鳍、口和眼睛可以动，游动的时候像一艘小小的潜水艇。

金黄六角箱鲀

金黄六角箱鲀也叫龙纹木瓜，雌鱼和雄鱼有着不同的色彩。

牛角鲀鱼

牛角鲀鱼，也叫黄箱鲀，特征是头上有两根“尖角”。

刺鲀

刺鲀是海洋中的“暴脾气”，一不高兴就会竖起身上的刺。

米点箱鲀

米点箱鲀，又称白点箱鲀，俗名花木瓜。

虽然箱鲀长得呆呆的，但是却非常“狠毒”！生气起来连自己都毒。

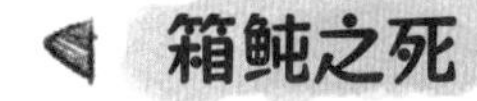

箱鲀之死

受到惊吓时，箱鲀会放出有毒物质毒死敌人。因为它对自己的毒有一定的免疫力，所以在广阔的海洋中，这样的行为危险系数很低。但在狭小空间里，这种行为就较为危险，箱鲀有一定概率将自己毒死。

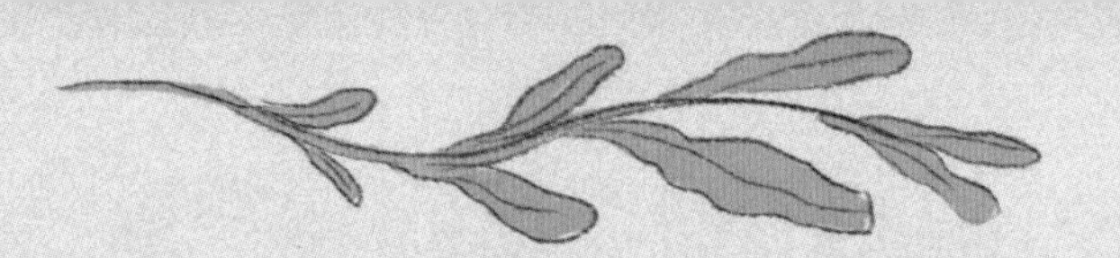

这条“大头鱼”叫什么名字呢？

如果你认识它的话，就请你为我们介绍一下吧！

海中"白月光"

翻车鲀

翻车鲀，又名翻车鱼，是一种大型大洋性鱼类，是目前已知最大、最沉的硬骨鱼。

形态体征

翻车鲀长得很奇怪，身体扁扁的，像一个椭圆形。远看就像是只有一个大鱼头在游动似的，真是令人过目不忘的长相！

"鱼"大十八变

幼体时期的翻车鲀与成鱼差距很大，只有几毫米长，长得像被一层透明塑料裹住的小刺球。但最终它们会渐渐长成三四米长的"大块头"。

游泳技能不及格

翻车鲀体形庞大，这也让它变得笨重、行动迟缓，它游泳速度很慢，游泳的时候简直可以用"随波逐流"来形容。

不安分的表层鱼

翻车鲀一般都生活在海水表层，虽然游泳技能一般，但却很擅长潜水，可以下潜至800米的深海觅食。

哦？原来我是自热小火鱼？

恒温鱼

翻车鲀可以调节自己的体温，让自己的体温比周围的海水高上5℃左右，因此被称为恒温鱼。鱼类恒温是一种较为罕见的现象，在现有的大约4万种鱼中，只有不到千分之一的鱼具有这种能力。

日光浴

翻车鲀经常会漂到海面上晒太阳，因此也被称作太阳鱼。这个行为能提高它们的体温，还可以让海鸟们吃掉它们身上的寄生虫。

海洋医生

翻车鲀还有一个了不起的身份——海洋医生。研究证明，翻车鲀体内能分泌一种特别的物质，有助于治疗自己和其他鱼类的伤病。

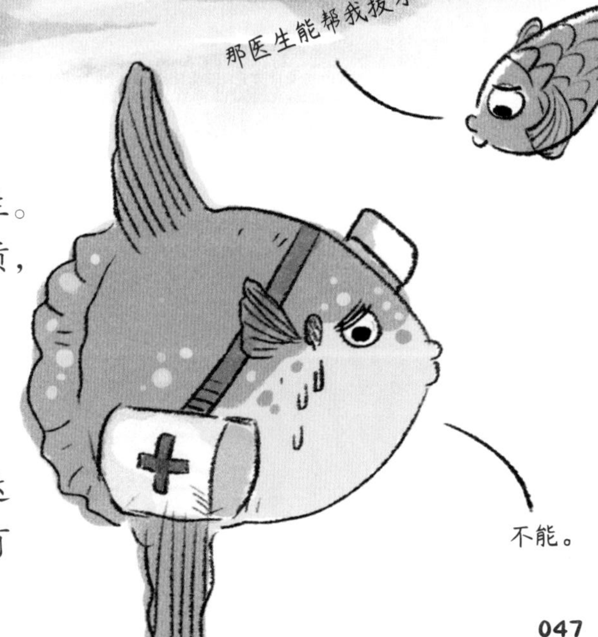

吉尼斯世界纪录保持者

翻车鲀是世界上产卵最多的鱼，怀卵量可达3亿粒，虽然如此，其卵的存活率并不高，只有千万分之一。

头顶红红，身姿优雅，你一定知道它的名字吧！
写下你所知道的关于它的故事吧！

大自然的舞者

丹顶鹤

丹顶鹤，又称仙鹤，因其头顶生长的红色肉冠而得名“丹顶”。

分布地区

分布于中国、日本、韩国、朝鲜、蒙古国和俄罗斯。

体态特征

丹顶鹤有着长长的颈和较长的脚，除了头顶一点红，颊、喉、颈、脚和尾部飞羽一抹黑，身上的其他部分都是洁白的。

爱跳舞的丹顶鹤

丹顶鹤会以优美的舞姿吸引异性，舞蹈动作包括抬头、弯腰、跳跃、展翅行走等，是动物界名副其实的“舞蹈家”。

食物

丹顶鹤的食物很杂，主要有鱼、虾、水生昆虫、蝌蚪及水生植物的根茎和果实。

携手一鹤，不相离

丹顶鹤还是一种相当痴情的动物，会与选定的伴侣度过一生一世，一夫一妻，终生不变。

屹立于文化顶点的丹顶鹤

中国有着久远的鹤文化，丹顶鹤象征着吉祥、幸福、长寿与忠贞。

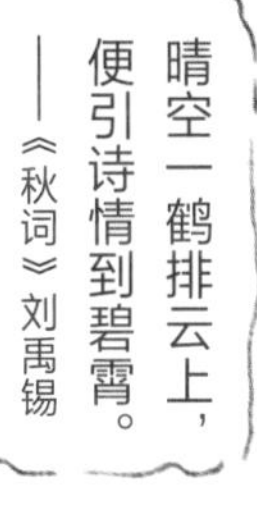

丹顶鹤和鹤顶红是什么关系？

丹顶掩饰我秃头的悲伤

① 丹顶鹤会有一个丹顶恰恰是因为它的头上缺少了一种特别的东西——羽毛，简单说就是它谢顶了。

② 科学家研究认为，武侠小说中的鹤顶红其实就是我们耳熟能详的砒霜，和丹顶鹤并没有什么关系。

你认识这只拥有蓝色脚掌的鸟吗?
是否可以请你为我们介绍一下它呢?

蓝脚鲣鸟

蓝脚鲣鸟是一种大型的热带海鸟，主要栖息于热带及亚热带的太平洋岛屿、海岸及海面上。

穿"蓝靴子"的鸟儿

"流星锤"捕鱼法

捕鱼时，蓝脚鲣鸟会从30米甚至100米的高空以100千米/时的速度俯冲入水，就像是力量十足的"流星锤"，巨大的冲击力能够把附近的鱼震晕。

丢失的鼻孔

为了延长在水下闭气的时间，抓更多的鱼，蓝脚鲣鸟进化时把鼻孔都淘汰掉了，呼吸全靠一张嘴。

"铁头功"秘籍

力的作用是相互的，为了抗击入水时强大的冲击力，蓝脚鲣鸟练就了"铁头功"，它们的头非常坚硬，脖子也特别粗。

蓝脚鲣鸟的育儿观

蓝脚鲣鸟妈妈每次会产 2 ~ 3 枚卵，但是在照顾孩子时却并不“公平”，首先破壳而出的“大宝”会被优先哺育。因为如果食物短缺，这样做可以保证至少有一只雏鸟存活。

为什么蓝脚鲣鸟的脚是蓝色的？

蓝脚鲣鸟的蓝脚蹼其实是吃出来的。

这杯鲜鱼汤也太美味了～

鲅鱼

贝壳类

乌贼

鲮鱼

蓝脚鲣鸟喜欢的食物中富含类胡萝卜素，类胡萝卜素会与它们身体里的一些特殊蛋白质结合，形成它们独特的蓝脚。

看脚的世界你不懂

在蓝脚鲣鸟的世界，脚蓝才是真的美。脚蹼越蓝，证明其捕鱼能力越强，吃得越好，身体越健康，自然更受同类欢迎啦！

脚还能用来孵蛋

不像其他鸟类会用身体孵蛋，蓝脚鲣鸟是用脚孵蛋的。雌鸟、雄鸟会轮流用大脚蹼把蛋抱住，维持温度，直到宝宝出生。

色彩鲜艳，通常生活在雨林里的蛙，你认出它是谁了吗？
在这里说说你对它的了解吧！

特立"毒"行

箭毒蛙

又名毒箭蛙，它虽然外表美丽，但却是世界上毒性最强的物种之一，生活在热带雨林中。

形态特征

体形很小，一般长 1 ~ 6 厘米。拥有鲜艳的警戒色。

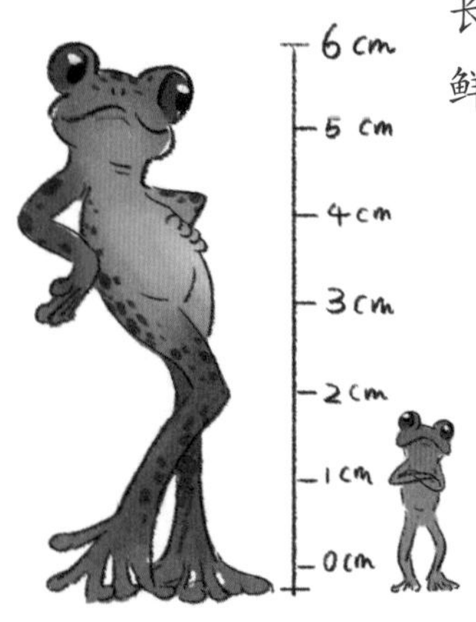

分工明确的育儿行为

雌蛙负责在积水处产卵，等到蝌蚪孵化，雄蛙会将它们分别背到植物叶片上的小水洼中，让它们在安全的环境中长大。

毒蛙

在箭毒蛙的体表散布着一种可以破坏神经系统的生物碱，毒性很强。不过箭毒蛙自己不能产生毒素，而是通过捕食有毒的昆虫获得的。

雨林中的隐秘杀手

箭毒蛙家族中毒性最强烈的是金色箭毒蛙，1 毫克蛙毒足以毒死上万只老鼠，1 克蛙毒可导致上万人毙命。

印第安人利用箭毒蛙来"提炼"毒素，其实只是把吹箭枪的矛头刮过蛙背，然后放走它。

箭毒蛙展览馆
绿色幽灵箭毒蛙
亚马孙箭毒蛙
高地型皇冠箭毒蛙
红带箭毒蛙
染色箭毒蛙
草莓箭毒蛙
红色幽灵箭毒蛙

这只趴在树枝上的生物是什么？
可以请你为我们介绍一下吗？

变色龙

变色龙是蜥蜴目避役科爬行动物的统称，因为能够改变自己的肤色，因此得名。

形态特征

身长一般为15 ~ 25厘米，有着长筒状的身体，三角形的头和经常卷起来的尾巴。

特殊的眼睛

变色龙的眼睛非常特别，圆鼓鼓的，可以上下左右自如地转动。更厉害的是它可以“一目二视”，即一只眼睛向前看盯着猎物，另一只眼睛向后看侦察环境，分工合作，互不打扰。

闪电猎手

变色龙拥有相当于身体两倍长的舌头，而且动作迅如闪电，只需要1/25秒就可以完成捕食。不过，它自身行动速度却很慢，即使是逃跑时，最快速度也超不过6米/分。

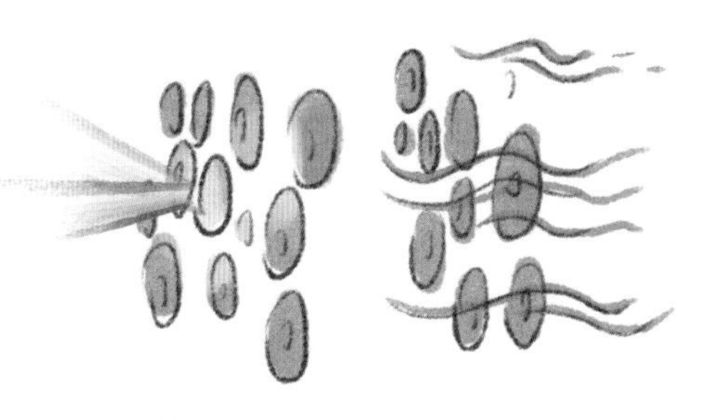

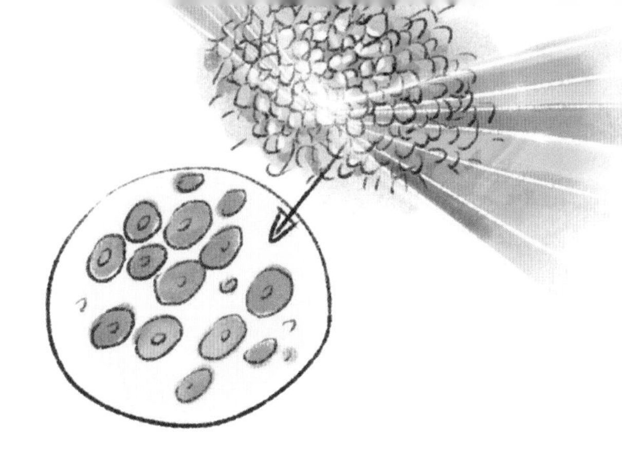

超级变变变

变色龙之所以能够变色，是因为它的皮肤中有三层色素细胞。这些色素细胞不仅能用来变色，还能帮助它调节身体的温度，用处很大呢！

喜怒形于色

变色龙变色不仅仅是为了伪装自己，也可以用来表达心情，和同伴传递消息、交流等。

特殊的家庭成员

有几种特殊的变色龙，它们只有手指般大小，不会像其他变色龙一样变换颜色，但它们依然有着绝妙的伪装本领——棕色的身体，它们只要藏在枯叶间，就不会被发现。

榜上有名

曾经有媒体评选世界最可爱的物种，变色龙榜上有名，排在了第 17 位。

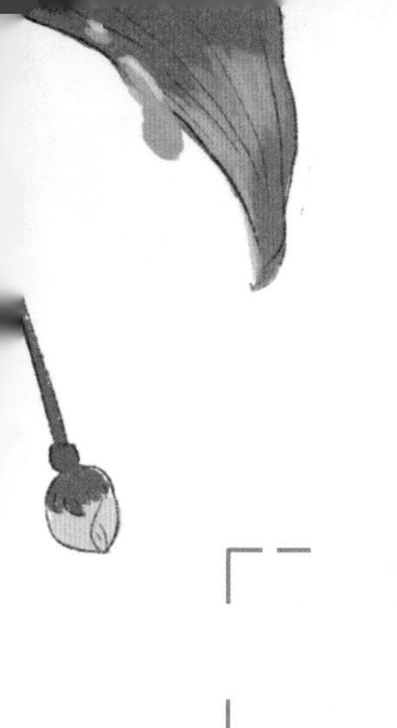

飞行时像蜜蜂一样发出“嗡嗡”声的鸟你认识吗？
写下你对它的观察日志吧！

飞行的宝石

蜂鸟

蜂鸟是蜂鸟科的鸟类，体形很小，在飞行时双翅会疾速扇动，发出像蜜蜂一样的“嗡嗡”声，因此而得名。

虹彩蜂鸟

棕煌蜂鸟

小巧玲珑

最小的红隐蜂鸟和吸蜜蜂鸟体重还不足2克，体长多在3～5厘米，最大的巨蜂鸟体重也不过才18～24克。

七彩外衣

大部分的蜂鸟都拥有绚丽多彩的羽毛，有一些雄鸟还有喉斑、羽冠、细长尾羽等漂亮的装饰。

叉扇尾蜂鸟　缨冠蜂鸟　长尾蜂鸟

哇，我也想拥有漂亮的羽毛！

“长舌”鸟

蜂鸟的舌头又细又长，末端有分叉和很多凹槽，非常适合取食液体，而且它们的舌头可以在1秒内伸出长喙几十次。

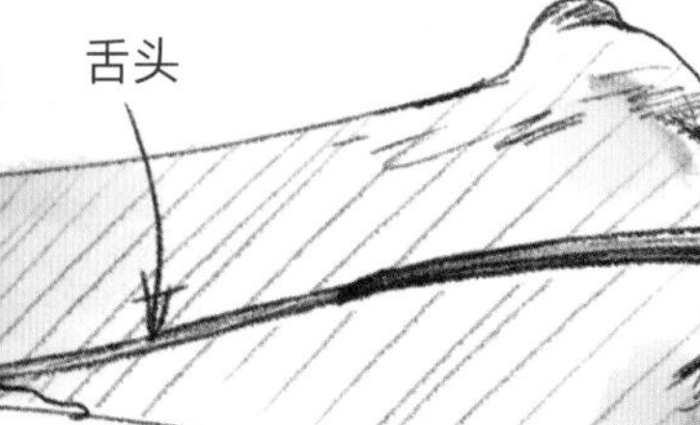

为你而生

刀嘴蜂鸟是所有鸟类中鸟喙最长的一种。在它们生存的区域，生长着一种拥有长花冠结构的西番莲，特殊的结构使两者成了最佳拍档，只有刀嘴蜂鸟才能为西番莲授粉。

飞行专家

蜂鸟的身体结构很独特，拥有 8 对肋骨和可以自由转动的肩胛骨，这使它们的翅膀非常灵活，可以完成垂直上升和下降、悬停等特技，甚至还可以倒退飞行。它们也是世界上拍翅最快的鸟类。

最快的心脏

蜂鸟的新陈代谢也是所有动物中最快的，飞行时心跳速度每分钟高达 500 下，其中心跳最快的蓝喉蜂鸟，甚至能达到每分钟 1000 下。

超强大脑

蜂鸟的大脑虽然只有米粒般大小，但却有着惊人的记忆力，可以记住花朵的位置，预判花朵分泌花蜜的时间。

迷你马拉松飞行员

每到迁徙的季节，未成年的棕煌蜂鸟便会从墨西哥独自飞行几千千米到达阿拉斯加，这是一场可以被称为奇迹的微型鸟的迁徙之旅。

在飞行时会发出“嗡嗡”的声音惹人讨厌，还会时不时给人送上“大红包”的又是谁呢？你一定和它打过交道。

和我们一起分享你和它的故事吧！

不受欢迎的医学昆虫

蚊子

蚊子是最重要的医学昆虫类群，它们分布广、种类多，目前已记录 3 亚科、35 属、3600 多种和亚种。

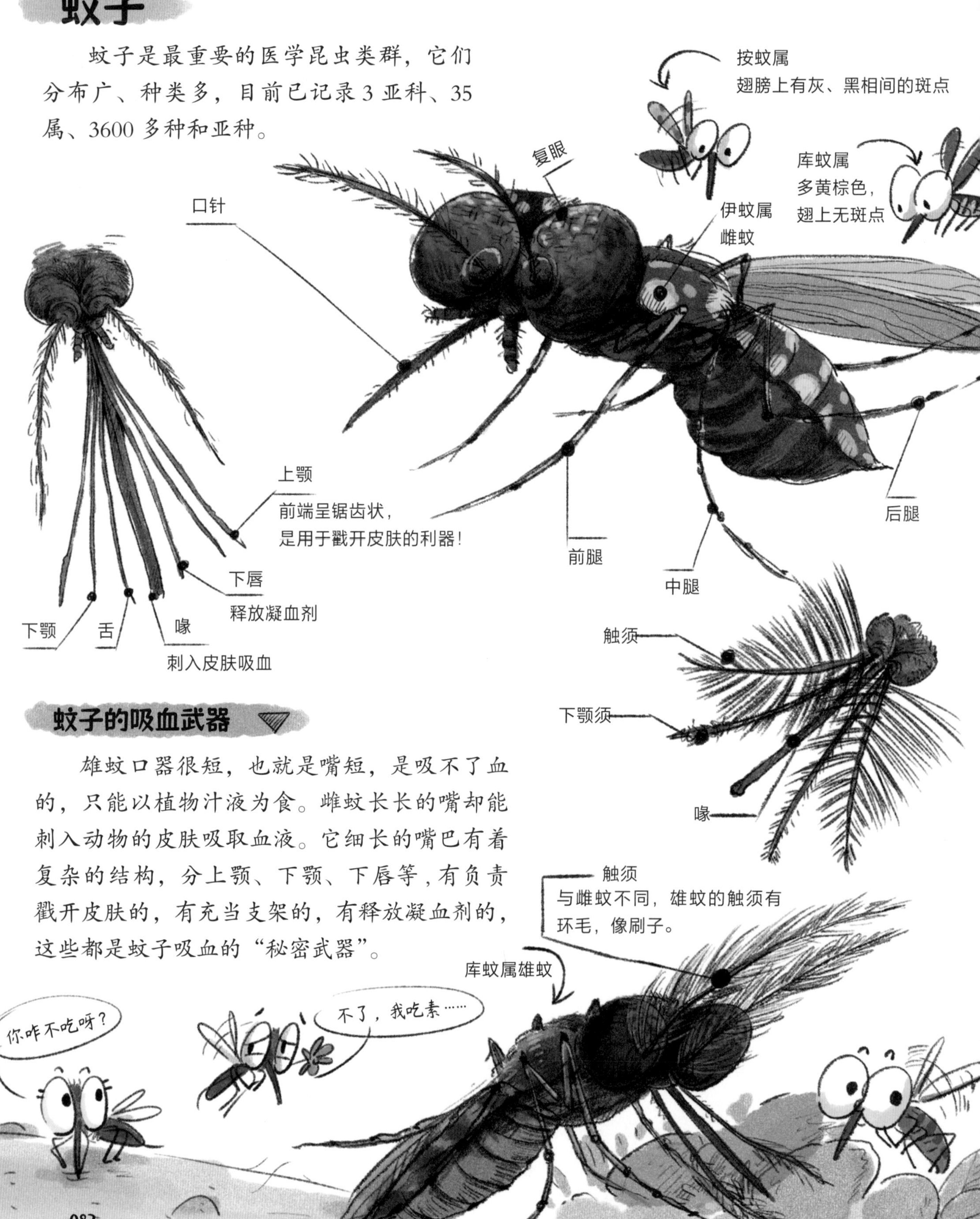

蚊子的吸血武器

雄蚊口器很短，也就是嘴短，是吸不了血的，只能以植物汁液为食。雌蚊长长的嘴却能刺入动物的皮肤吸取血液。它细长的嘴巴有着复杂的结构，分上颚、下颚、下唇等，有负责戳开皮肤的，有充当支架的，有释放凝血剂的，这些都是蚊子吸血的“秘密武器”。

奇特的复眼

你敢想象耳边“嗡嗡”叫的蚊子正用近 600 只眼睛盯着你吗？其实，蚊子的眼睛是由众多六边形小眼组成的复眼。

变态发育史

蚊子的发育为完全变态，分为四个时期，即卵、幼虫、蛹和成虫。前 3 个时期生活在水里，成虫生活在陆地上。

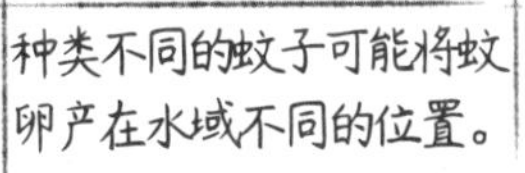

挥散不去的“嗡嗡”声

蚊子通过感应人呼出的二氧化碳和热量来找到人类，所以它总是绕着你的脑袋飞来飞去，而它翅膀震动空气发出的“嗡嗡”声又无法掩盖自己的行踪，所以，你总是会在耳边听见这种令人讨厌的“嗡嗡”声。

榜样：对抗疟疾的诺贝尔奖得主

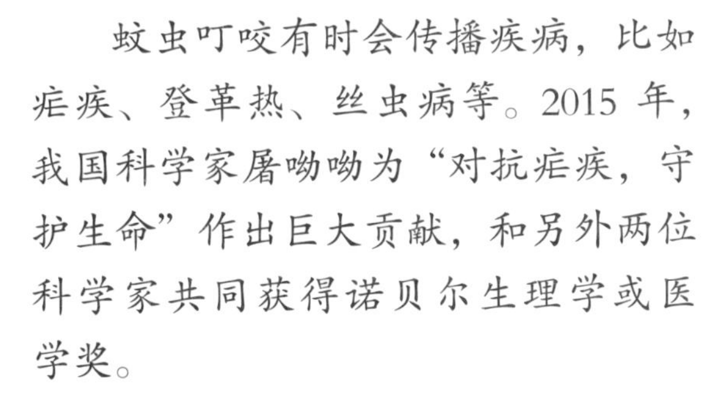

蚊虫叮咬有时会传播疾病，比如疟疾、登革热、丝虫病等。2015 年，我国科学家屠呦呦为“对抗疟疾，守护生命”作出巨大贡献，和另外两位科学家共同获得诺贝尔生理学或医学奖。

你认识这种随身携带一盏小灯笼的昆虫吗?
请给我们介绍一下吧!

萤火虫

丛林间的小灯笼

萤火虫是一种尾部可以发光的小型甲虫，目前已知的种类有2000余种。

形态特征

萤火虫的身体扁平而细长，腹部末端有可以发光的发光器。萤火虫是如假包换的甲虫，雄虫一般拥有发达的鞘翅和膜翅。

变化的食谱

萤火虫在幼虫时期是吃肉的，以田螺、蜗牛、蛞蝓等为食。等它们长大后，多数种类就只以花粉、花蜜或水为食了。

变态发育史

萤火虫一生要经过卵、幼虫、蛹、成虫4个阶段。

为什么会发光

在萤火虫的发光细胞中含有两类化学物质，一种是萤光素，一种是萤光素酶，这两种物质是萤火虫发光的“秘密工具”。

荧光的颜色

萤火虫除了可以发出黄色的光以外，还可能发出红色、绿色、橙色等颜色的光。萤火虫的幼虫也会发光哟！

光信号

萤火虫发出的光很好看，它们可以通过不同的闪光与同伴交流，还可以利用这些光恐吓天敌、诱捕食物。

冷光

萤火虫的荧光不含红外线和紫外线，也不会发热，所以被称为“冷光”。

科学小灵感——生物光源

科学家已经成功用化学方法合成了荧光物质，制成了不需电的生物光源，在矿井及深水等领域发挥了独特的作用。

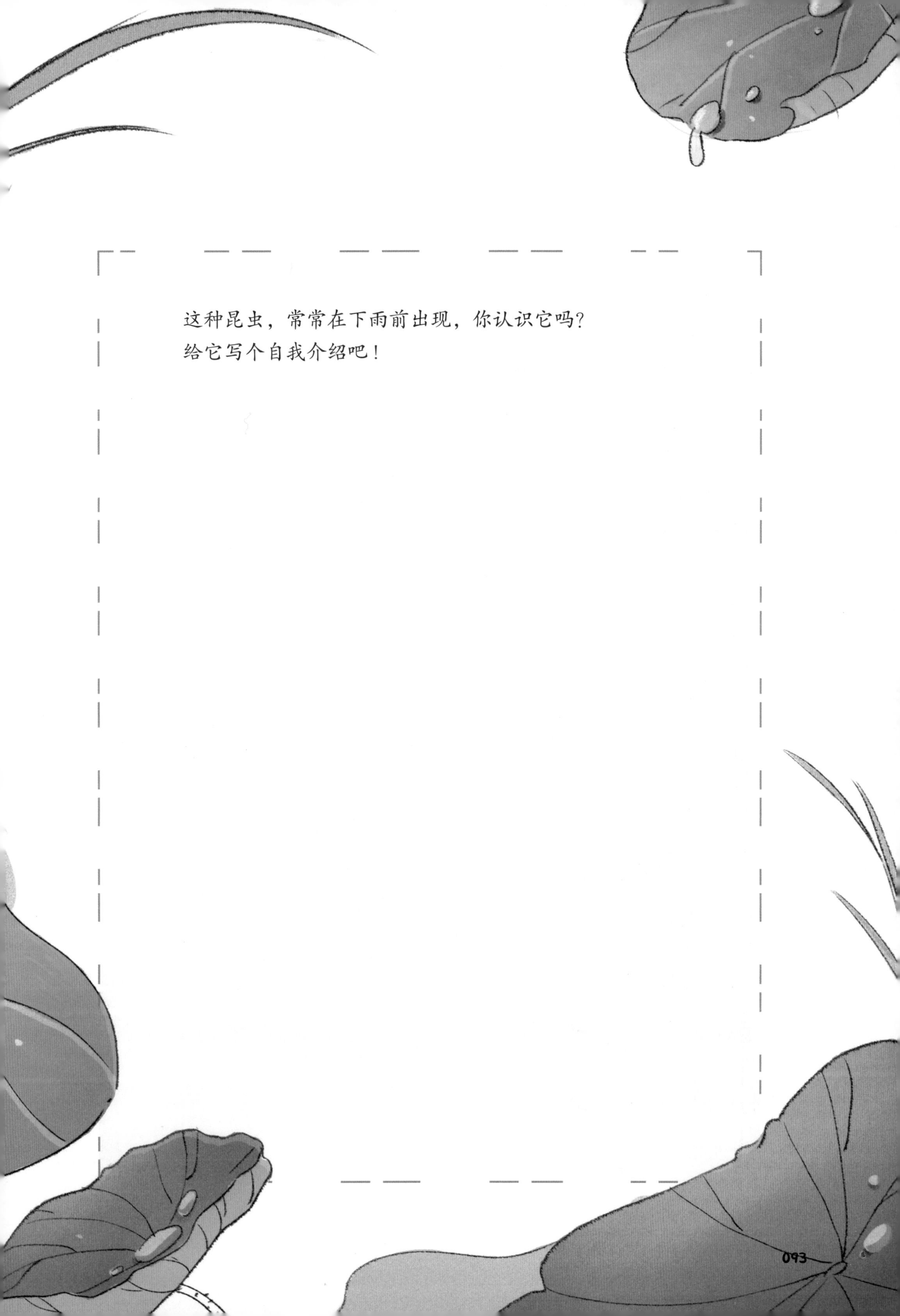

这种昆虫，常常在下雨前出现，你认识它吗？
给它写个自我介绍吧！

昆虫界的飞行之王

蜻蜓

蜻蜓是一类比较原始且种类较多的昆虫。它的起源最早可以追溯到3亿年前。在2.8亿年前，还出现过翼展达到71厘米的“巨无霸”蜻蜓。

很多很多的眼睛

蜻蜓的眼睛是由两万多只小眼睛组成的复眼，并且它复眼内单眼的数量在整个昆虫界都是名列前茅的。

兼职天气预报员

古人们根据蜻蜓低飞这一现象留下了俗语：“蜻蜓飞得低，出门带蓑衣。”蜻蜓为了防止雨点、冰雹和雷电伤害到自己，本能地在下雨前降低了飞行高度。

漫长的童年

蜻蜓的幼虫叫水虿（chài）。蜻蜓的幼虫期所需的时间非常漫长，有的需要几个月，有的需要三四年，还有的甚至要苦熬七八年才能变为成虫。

害虫克星

蜻蜓是对人类有益的“捕虫专家”，一只蜻蜓一天可以消灭数千只害虫。

兼职水污染监测员

水虿生活在水中，如果水中的重金属含量比较高，它身体里的重金属含量也会升高，所以，人们可以通过水虿来考察水体的污染状况。

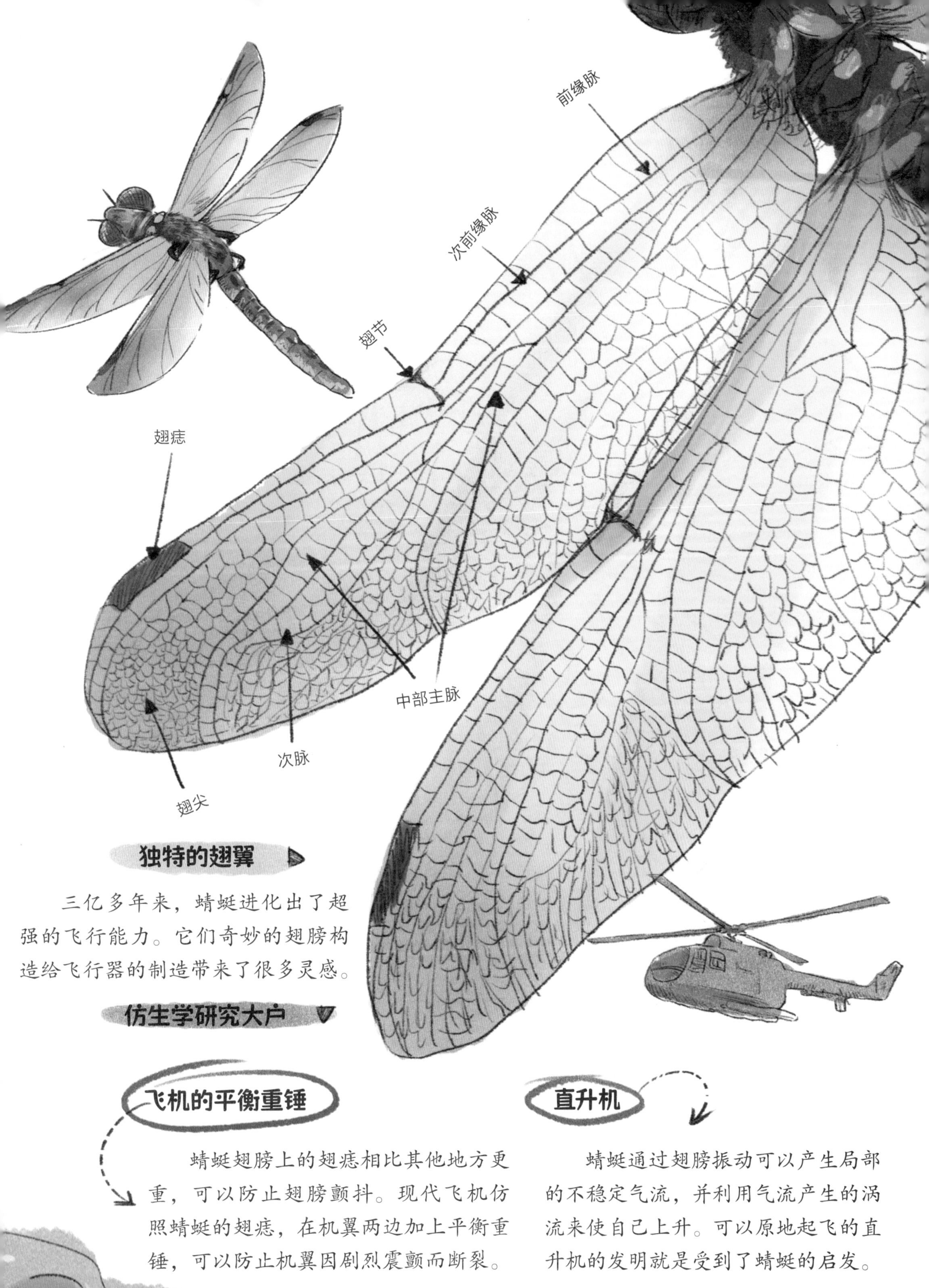

独特的翅翼

三亿多年来，蜻蜓进化出了超强的飞行能力。它们奇妙的翅膀构造给飞行器的制造带来了很多灵感。

仿生学研究大户

飞机的平衡重锤

蜻蜓翅膀上的翅痣相比其他地方更重，可以防止翅膀颤抖。现代飞机仿照蜻蜓的翅痣，在机翼两边加上平衡重锤，可以防止机翼因剧烈震颤而断裂。

直升机

蜻蜓通过翅膀振动可以产生局部的不稳定气流，并利用气流产生的涡流来使自己上升。可以原地起飞的直升机的发明就是受到了蜻蜓的启发。

有一种喜欢筑巢和收集漂亮东西的鸟儿，你知道它的名字吗？把它的故事写下来吧！

自然建筑师

园丁鸟

分布在新几内亚和澳大利亚的园丁鸟凭借着为求偶而搭建的奢华“建筑”结构而得名，可以称得上是自然界中最厉害的建筑师。

习性

绝大多数园丁鸟以果实为食，有的也会吃花与花蜜，以及一些昆虫。

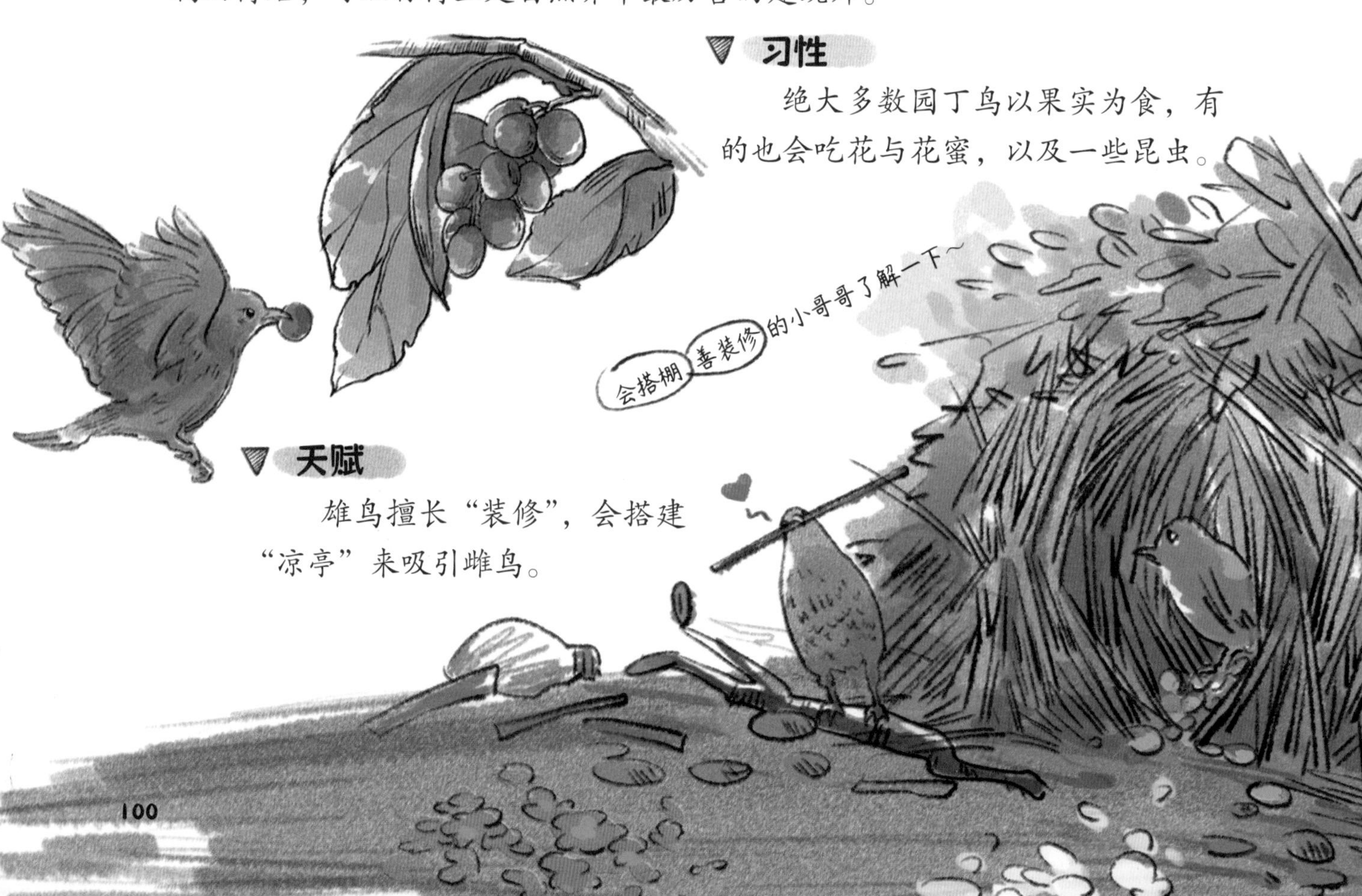

天赋

雄鸟擅长“装修”，会搭建“凉亭”来吸引雌鸟。

▼ 园丁鸟喜欢亮晶晶的东西，有时会去人类家中叼走珠宝来装饰自己的家。

▶ 或者会去“邻居”家中偷盗、抢劫自己看上的装饰品。

▼ 坚固的“凉亭”、琳琅满目的装饰、精心的摆放，房子造得越好，就越容易获取雌鸟的芳心。

这只像鼠又像兔的小动物是什么呢？
你能为我们提供一下关于它的信息吗？

高级洞穴工程师

鼠兔

外形像兔子，身材和神态却像鼠类，这就是鼠兔，是一种成群生活在草原和半荒漠地带的草食性动物。

高级洞穴工程师

鼠兔很会打造洞穴，它们天生好动，行动速度也很快。它们打洞时并不是胡乱挖土的，而是有着自己的建筑蓝图，最后完成的洞穴连人类建筑师都惊叹不已。它们建造的洞穴大致分 3 类：

① 第一类洞穴是长久居住用，且附带大量逃生出口的洞穴。

② 第二类洞穴是在寻找食物途中，临时居住用。

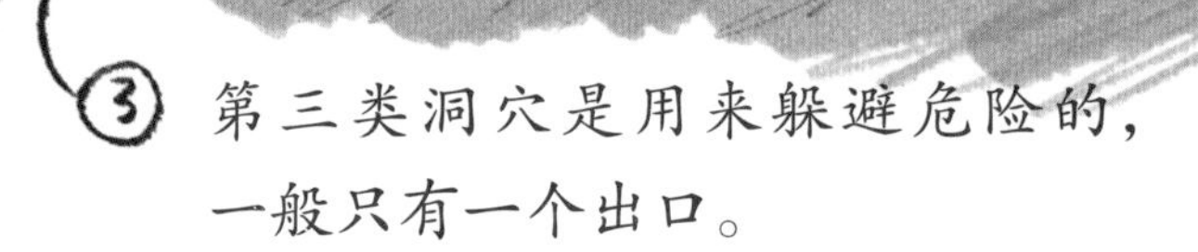

③ 第三类洞穴是用来躲避危险的，一般只有一个出口。

鸟鼠同穴

在鼠兔生活的草原地区，小鸟为了躲避强烈的太阳辐射或是暴风雨，有时会躲进鼠兔的临时洞穴里，鼠兔也会大方地分享住处。

鼠兔习性

鼠兔大多生活在寒冷多岩的山地，是一种耐寒怕热的生物。

鼠兔不冬眠，多数有储备食物的习惯，会将大量太阳晒干的植物存储于岩下或其他安全地点作为冬粮。

粮库被盗的悲剧

临近冬季是鼠兔采摘食物、储存食物的日子。勤劳的鼠兔会把一束束植物衔在嘴里，高兴地搬运回家。

不过，也有不劳而获的鼠兔会潜伏在一边，等着把别人的食物占为己有。

当勤劳的鼠兔发现食物被偷走之后，只能愤怒又悲伤地咆哮，发出能令人耳鸣的尖锐叫声。所以，它们还有一个别名“鸣声鼠”。

鼠兔与环境保护

一直以来，人们都认为鼠兔挖掘地洞会对草场造成伤害，认为它是一种有害生物。但后来的调查表明，草场的退化与人类的行为关系更大，鼠兔是无辜的。

这种脖子长，腿也长的生物，你一定认识吧。
你对它有什么了解呢？快来分享一下吧！

长颈鹿

长颈鹿生活在非洲广阔的大草原上，是世界上最高的陆生动物。

形态特征

长颈鹿有长长的脖子和四肢，身高可达6～8米，浑身布满了漂亮的斑纹。

特殊的舌头

长颈鹿的舌头是青黑色的，有50厘米长，可以轻巧地避开植物外围密密的长刺，卷食隐藏在里层的树叶。

动物界的长颈族

在长颈鹿生活的地方，树叶都集中在树的上层，脖子越长就能吃到越多的食物。所以，慢慢地，长颈鹿的脖子就进化得越来越长，成了现在的样子。

少言寡语

长颈鹿的脖子很长，肺部、胸腔、膈肌与声带的距离很远，所以发出声音需要耗费大量力气，这使得它们很少发出叫声。

天生高血压

长颈鹿的血压大概是成人的 2.5 倍，这是它们特殊的生理结构导致的，它们必须有足够高的血压才能把血液输送到大脑。

睡觉好难

长颈鹿睡得很少，通常每晚只睡两个小时左右。腿长脖子长的身体使得长颈鹿站立起来很花时间，所以长颈鹿大部分时候都得站着休息。

喝水好难

长颈鹿需要叉开前腿或者跪在地上才能喝到水，这个姿势十分不便，而且很危险，好在长颈鹿的食物是树叶，在树叶水分十分充足的情况下，很久不喝水也是可以的。

国兽

长颈鹿是非洲非常具有代表性的动物，坦桑尼亚发行的 5000 先令的纸币上面就印有长颈鹿的图案。

你见过翅膀长得像枯叶的蝴蝶吗？它奇特的翅膀有什么作用呢？

和我们分享一下你所了解的知识吧！

动物界的伪装大师

——会飞的树叶

天赋

枯叶蛱蝶的天敌很多，有燕、雀、螳螂、青蛙等。不过，它凭借着一身的伪装本领，很多时候都能逃过一劫。

习性

枯叶蛱蝶以腐烂水果、树木虫蛀伤口流出的汁液，以及动物的粪便为食，偶尔也会吸食汗液，是典型的食腐蝶类。

枯叶蛱蝶

枯叶蛱蝶也叫枯叶蝶，因为它翅膀的腹面长得像枯叶，不仅颜色相像，还有着酷似叶脉的线条。枯叶蛱蝶翅膀的背面则是漂亮的蓝色，有着耀眼的光泽。

分布地区

枯叶蛱蝶分布于中国、印度、日本、缅甸、泰国等国家，喜欢生活在山崖峭壁和葱郁的林间。

科学小灵感——迷彩服

自然界的拟态给予人类灵感，能够隐藏在环境中的迷彩服就是一个例子。